JIXIE GONGCHENG CAILIAO SHIYAN
ZHIDAOSHU YU XITIJI

机械工程材料实验
指导书与习题集

张有强◎主编

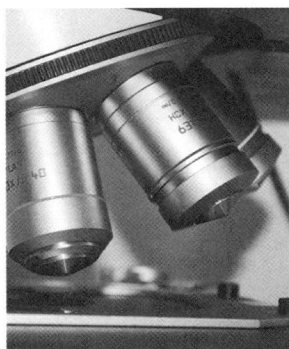

中国纺织出版社有限公司

图书在版编目（CIP）数据

机械工程材料实验指导书与习题集 / 张有强主编
. -- 北京：中国纺织出版社有限公司，2022.11
ISBN 978-7-5180-9911-5

Ⅰ . ①机… Ⅱ . ①张… Ⅲ . ①机械制造材料-材料试
验-高等学校-教学参考资料 Ⅳ . ①TH140.7

中国版本图书馆 CIP 数据核字（2022）第 182082 号

责任编辑：毕仕林 国 帅 责任校对：高 涵 责任印制：王艳丽

中国纺织出版社有限公司出版发行
地址：北京市朝阳区百子湾东里 A407 号楼 邮政编码：100124
销售电话：010—67004422 传真：010—87155801
http://www.c-textilep.com
中国纺织出版社天猫旗舰店
官方微博 http://weibo.com/2119887771
天津千鹤文化传播有限公司印刷 各地新华书店经销
2022 年 11 月第 1 版第 1 次印刷
开本：787×1092 1/16 印张：6
字数：77 千字 定价：29.00 元

凡购本书，如有缺页、倒页、脱页，由本社图书营销中心调换

本书编委会

主　　编　张有强

副 主 编　罗树丽　弋晓康　高　杰

编　　委　王得伟　贺小伟

前　言

　　《机械工程材料实验指导书与习题集》是高等院校机械类专业《机械工程材料》教材的配套用书，全书共分为三个部分。

　　第一部分包含3项实验指导。其中金属材料的硬度实验给出常用的三种测量金属硬度的方法（洛氏硬度、布氏硬度、维氏硬度）及各自适用的范围；金相显微镜的使用和金相组织的观察实验给出了显微镜的使用方法以及工业纯铁、亚共析钢、共析钢、过共析钢、亚共晶白口铸铁、共晶白口铸铁和过共晶白口铸铁室温下的显微组织，包括铁素体、珠光体、渗碳体和莱氏体的显微形貌；碳钢的热处理实验给出了退火、正火、淬火和回火的工艺以及热处理后的显微组织。第二部分是与第一部分对应的实验报告。第三部分包含约200道机械工程材料习题，主要包括金属的晶体结构和结晶、金属的塑性变形及再结晶、二元合金和相图、铁碳合金、钢的热处理、合金钢及铸铁等内容，便于学生在学习之后进行练习与测试。

　　本书编写的指导思想是将课堂理论教学、课后的习题和动手实验三者尽可能紧密地联系起来，突出重点，相互呼应，以便于学生的接受、巩固、融会贯通与学以致用。本书旨在通过规范实验作业内容，提高课程实验和教学效果，帮助学生巩固课堂所学知识，并系统地培养学生的实际操作技能以及独立思考、分析和解决问题的能力。

　　由于编者水平有限，漏误及不当之处在所难免，敬请各位读者批评指正，以便今后不断修改完善，在此深表感谢！

编者

2022年10月

机械工程材料实验
学生实验守则

1．实验前认真做好预习，明确本次实验的目的，了解实验内容步骤及注意事项。

2．实验不迟到，无故迟到两次者实验成绩记为不及格。病假、事假需有医生或班主任证明。无故旷课者，该次成绩记零分。

3．实验时，学生必须听从辅导教师及实验工作人员的指导，严格遵守设备操作规程，注意人身安全及设备安全，不得随意触碰与本次实验无关的设备仪器，不准打闹。

4．若损坏设备、仪器，根据情节轻重按学校规定进行全部或部分赔偿。

5．实验完毕，整理好仪器、设备，清理桌面及场地。

6．认真做好实验报告，按时上交。

目 录

第一部分　实验指导

实验一
金属材料的硬度

一、实验目的

（1）了解硬度测量的基本分类，测量设备原理及应用范围。

（2）了解布氏硬度，洛氏硬度和维氏硬度试验机的主要结构和工作原理。

（3）掌握布氏硬度，洛氏硬度和维氏硬度试验机的测量方法和操作使用。

二、基本概述

硬度是指材料表面抵抗弹性变形、塑性变形或破断的一种能力。测定金属的硬度就可以给出其软硬程度的数量概念，因此硬度也是衡量金属软硬程度的判据。实际上，硬度是代表着弹性、塑形、强度和韧性等一系列不同的物理量组合的一种综合性能指标。

硬度试验在生产和科研应用中较为普遍。它凭借其特有的优点被广泛应用于检验和评价金属材料的性能。首先，硬度试验设备简单，操作迅速方便，比较方便测量；其次，硬度性能同样取决于金属材料的成分、组织与结构，它与其他力学性能间存在一定的关系，因此可通过测定材料的硬度来反映该材料的其他力学性能；最后，硬度试验压痕小，一般不损毁零件，而且对样品要求不高。

金属硬度的测量方法很多，在机械工业中广泛采用压入法来测定金属的硬度。根据测量方法的不同，压入法又可分为布氏法、洛氏法和维氏法，相应地用这三种方法测得的硬度分别称为布氏硬度，洛氏硬度和维氏硬度。

硬度的测量能够给出金属材料软硬程度的数量概念。由于在金属表面以下不同深度处材料所承受的应力和所发生的变形程度不同，因而硬度值可以综合地反映压痕附近局部体积内金属的弹性，微量塑变抗力，塑变强化能力以及大量形变抗力。硬度值越高，表明金属抵抗塑性变形的能力越大，材料产生塑性变形就越困难。

三、实验内容

（一）布式硬度（HB）

1. 布氏硬度实验的基本原理

用载荷 P 把直径为 D 的淬火钢球压入试件表面，并保持一定时间（10~60s），而后卸除载荷，测量钢球在试样表面上所压出的压痕直径 d，从而计算出压痕球冠表面积 F，然后计算出单位面积所受的力（P/F 值），用此数字表示试件的硬度值，即为布氏硬度，用符号HBS或HBW表示。布氏硬度试验原理如图1-1-1所示。

设压痕深度为h，则压痕的球面积F和布氏硬度HB分别为：

$$F=\pi Dh = \pi D（D-\sqrt{D^2-d^2}/2） \tag{1-1}$$

$$HB = P/F = 2P/\pi D（D-\sqrt{D^2-d^2}） \tag{1-2}$$

式中：P——施加的载荷，kg；

D——压头（钢球）直径，mm；

d——压痕直径，mm；

F——压痕面积，mm^2。

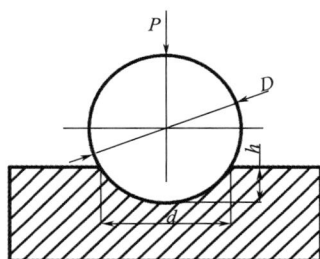

图1-1-1　布氏硬度计试验原理示意图

由于金属材料的硬软、工件的厚度、大小不同，为适区不同的情况，布氏硬度的钢球有ϕ0.5mm、ϕ5mm、ϕ10mm三种；载荷有15.6kg、62.5kg、187.5kg、250kg、750kg、1000kg、3000kg七种。当采用不同大小的载荷和不同直径的钢球进行布氏硬度试验时，只要能满足P/D^2为常数，则同一种材料到得的布氏硬度值是相同的。而不同材料所列得的布氏硬度值也可进行比较。国家标准规定P/D^2的比值为30、10、2.5三种。根据金属材料种类，试样硬度范围和厚度的不同，按照表1-1-1中的规范选择钢球直径D，载荷P及载荷保持时间。在试样厚度和载面大小允许的情况下，尽可能选用直径大的钢球和大的载荷，这样更易反映材料性能的真实性。另外，由于压痕大，测量的误差也小。所以测定钢的硬度时，尽可能用ϕ10mm钢球和3000kg的载荷。试验后的压痕直径应在0.25D<d<0.6D的范围内，否则试验结果无效。这是因为若d值太小，灵敏度和准确性将随之降低。若d值太大，压痕几何形状不能保持相似的关系，影响试验结果的准确性。将测量的压痕直径值查表1-1-4即得试样硬度值。

布氏硬度值的表示方法是：若用10mm钢球，在3000kg载荷下保持10s，测得布氏硬度值 400时，可表示为 HB400。在其他试验条件下，符号HB应以相应的指数注明钢球直径、载荷大小及载荷保持的时间。例如HB5/250/30=100即表示：用5mm直径钢球，在250kg载荷下保持30s时，所到得的布氏硬度为100。

表1-1-1　布氏硬度试验规范

金属类型	布氏硬度范围HB/（kg·mm⁻²）	试件厚度/mm	载荷P与压头直径D的关系	钢球直径D/mm	载荷P/kg	载荷保持时间/s
黑色金属	140～450	6～2 4～2 <2	$P=30D^2$	10 5.0 2.5	3000 750 187.5	10
	<140	>6 6～3 <3	$P=10D^2$	10.0 5.0 2.5	1000 250 62.5	10
有色金属	>130	6～3 4～2 <2	$P=30D^2$	10 5.0 2.5	1000 750 187.5	30
	36～130	9～3 6～3 <3	$P=10D^2$	10.0 5.0 2.5	1000 250 62.5	30
	8～35	>6 6～3 <3	$P=2.5D^2$	10.0 5.0 2.5	250 62.5 15.6	30

2. 布氏硬度试验的优缺点

因布氏硬度试验压痕面积较大，其硬度值代表性较全面。因此特别适用于测定灰口铸铁、轴承合金和具有粗大晶粒的金属材料。试验数据较稳定，重复性也强。布氏硬度值和强度极限（σ_b）的关系见表1-1-2。其换算式为经验公式，可由硬度粗略估计某些机械性能，但铸铁不能用此公式。各种硬度值换算见表1-1-3。

表1-1-2　HB和σ_b的关系

材料	硬度值HB	HB和σ_b近似换算式/（MN/m²）
钢	125～175 >175	$\sigma_b \approx 0.343HB \times 10$ $\sigma_b \approx 0.362HB \times 10$
铸铝合金	—	$\sigma_b \approx 0.26HB \times 10$
退火黄铜、青铜	—	$\sigma_b \approx 0.55HB \times 10$
冷加工后黄铜、青铜	—	$\sigma_b \approx 0.40HB \times 10$

表1-1-3 布氏、维氏、洛氏硬度值的换算表

（以布氏硬度试验时测得的压痕直径为准）

D=10mm，P=30000N时的压痕直径/mm	硬度					D=10mm，P=30000N时的压痕直径/mm	硬度				
	HB	HV	HRB	HRC	HRA		HB	HV	HRB	HRC	HRA
2.20	780	1220		72	89	3.70	269	272		28	65
2.25	745	1114		69	87	3.74	262	261		27	64
2.30	712	1021	—	67	85	3.80	255	255		26	64
2.35	682	940		65	84	3.85	248	250		25	63
2.40	653	860		63	83	3.90	241	246	100	24	63
2.45	627	803		61	82						
2.50	601	746		59	81						
2.55	578	695	—	58	80	3.95	235	235	99	23	62
2.60	555	649		56	79	4.00	225	226	98	22	62
2.65	534	606		54	78						
2.70	514	587		52	77	4.05	223	221	97	21	61
2.75	295	551		51	76	4.10	217	217	97	20	61
2.80	477	534	—	49	76	4.15	212	213	96	19	60
2.85	461	502		48	75	4.20	207	209	95	18	60
2.90	444	474		47	74	4.25	201	201	94		59
2.95	429	460		45	73	4.30	197	197	93		58
3.00	415	435		44	73	4.35	192	190	92		58
3.05	401	423	—	43	72	4.40	187	186	91	—	57
3.10	388	401		41	71	4.45	183	183	89		56
3.15	375	390		40	71	4.50	179	179	88		56
3.20	363	380		39	70	4.55	174	174	87		55
3.25	352	361		38	69	4.60	171	171	86		55
3.30	341	344	—	37	69	4.65	165	165	85	—	54
3.35	331	333		36	68	4.70	162	162	84		53
3.40	321	320		35	68	4.75	159	159	83		53
3.45	311	312		34	67	4.80	156	154	82		52
3.50	302	305		33	67	4.85	152	152	81		52
3.55	293	291	—	31	66	4.90	149	149	80	—	51
3.60	285	285		30	66	4.95	146	147	78		50
3.65	277	278		29	65	5.00	143	144	77		50

续表

D=10mm, P=30000N时的压痕直径/mm	硬度					D=10mm, P=30000N时的压痕直径/mm	硬度				
	HB	HV	HRB	HRC	HRA		HB	HV	HRB	HRC	HRA
5.05	140		76			5.55	114		64		
5.10	137		75			5.60	111		62		
5.15	134	—	74	—	—	5.70	107	—	59	—	—
5.20	131		72			5.80	103		57		
5.25	128		71			5.90	99		54		
5.30	126		69								
5.35	123		69								
5.40	121	—	67	—	—	6.00	95.5	—	52	—	—
5.45	118		66								
5.50	116		65								

表1-1-4　压痕直径与布氏硬度对照表

压痕直径 (d_{10}、$2d_5$或 $4d_{2.5}$)/mm	布氏硬度HB在下列载荷P(kg)下			压痕直径 (d_{10}、$2d_5$或 $4d_{2.5}$)/mm	布氏硬度HB在下列载荷P(kg)下		
	$30D^2$	$10D^2$	$2.5D^2$		$30D^2$	$10D^2$	$2.5D^2$
2.00	(945)	(316)		2.75	495	165	
2.05	(899)	(300)		2.80	477	159	
2.10	(856)	(286)	—	2.85	461	154	—
2.15	(817)	(272)		2.90	444	148	
2.20	(780)	(260)		2.95	429	143	
2.25	(745)	(248)		3.00	415	138	34.6
2.30	(712)	(238)		3.02	409	136	34.1
2.35	(682)	(228)	—	3.04	404	134	33.7
2.40	(653)	(218)		3.06	398	133	33.2
2.45	(627)	(208)		3.08	393	131	32.7
2.50	601	200		3.50	302	101	25.2
2.55	578	193		3.52	298	99.5	24.9
2.60	555	185	—	3.54	295	98.3	24.6
2.65	534	178		3.56	292	97.2	24.3
2.70	515	171		3.58	288	96.1	24.0

续表

压痕直径（d_{10}、$2d_5$或$4d_{2.5}$）/mm	布氏硬度HB在下列载荷P（kg）下			压痕直径（d_{10}、$2d_5$或$4d_{2.5}$）/mm	布氏硬度HB在下列载荷P（kg）下		
	$30D^2$	$10D^2$	$2.5D^2$		$30D^2$	$10D^2$	$2.5D^2$
3.60	285	95.0	23.7	4.20	207	68.8	17.2
3.62	282	93.0	23.5	4.22	204	68.2	17.0
3.64	278	92.8	23.2	4.24	202	67.5	16.9
3.66	275	91.8	22.9	4.26	200	66.8	16.7
3.68	272	90.7	22.7	4.28	198	66.2	16.5
3.70	269	89.7	22.4	4.30	197	65.5	16.4
3.72	266	88.7	22.2	4.32	195	64.0	16.2
3.74	263	87.7	21.9	4.34	193	64.2	16.1
3.76	260	86.8	21.7	4.36	191	63.6	15.0
3.78	257	85.8	21.5	4.38	189	63.0	15.8
3.80	255	84.9	21.2	5.00	144	47.5	11.9
3.82	252	84.0	21.0	5.05	140	46.5	11.6
3.84	249	83.0	20.8	5.10	137	45.5	11.4
3.86	246	82.1	20.5	5.15	134	44.6	11.2
3.88	244	81.3	20.3	5.20	131	43.7	10.9
3.90	246	80.4	20.1	5.25	128	42.8	10.7
3.92	239	79.6	19.9	5.30	126	41.0	10.5
3.94	236	78.7	19.7	5.35	123	41.0	10.3
3.96	234	77.9	19.5	5.40	121	40.2	10.1
3.98	231	77.1	19.3	5.45	118	39.4	9.9
4.00	229	76.3	19.1	5.50	116	38.6	9.7
4.02	226	75.5	18.0	5.55	114	37.9	9.5
4.04	224	74.7	18.7	5.60	111	37.1	9.3
4.06	222	73.0	18.5	5.65	109	36.4	9.1
4.08	219	73.2	18.3	5.70	107	35.7	8.9
4.10	217	72.4	18.1	5.75	105	35.0	8.8
4.12	215	71.7	17.9	5.80	103	34.3	8.6
4.14	213	71.0	17.7	5.85	101	33.7	8.4
4.16	211	70.2	17.6	5.90	99.2	33.1	8.3
4.18	209	69.5	17.4	5.95	97.3	32.4	8.1

续表

压痕直径 (d_{10}、$2d_5$或 $4d_{2.5}$)/mm	布氏硬度HB在下列 载荷P（kg）下			压痕直径 (d_{10}、$2d_5$或 $4d_{2.5}$)/mm	布氏硬度HB在下列 载荷P（kg）下		
	$30D^2$	$10D^2$	$2.5D^2$		$30D^2$	$10D^2$	$2.5D^2$
6.00	95.5	31.8	8.0	6.25	87.1		
6.05	93.7			6.30	85.5		
6.10	92.0			6.35	84.0	—	—
6.15	90.3			6.40	82.5		
6.20	88.7			6.45	81.0		

D=10mm, P=30000N时的 压痕直径/mm	布氏硬度HB在下列 载荷P（kg）下			D=10mm, P=30000N时的 压痕直径/mm	布氏硬度HB在下列 载荷P（kg）下		
	$30D^2$	$10D^2$	$2.5D^2$		$30D^2$	$10D^2$	$2.5D^2$
3.10	388	129	32.3	4.40	187	62.4	15.6
3.12	383	128	31.9	4.42	185	61.8	15.5
3.14	378	126	31.5	4.44	184	61.2	15.3
3.16	373	124	31.1	4.46	182	60.6	15.2
3.18	368	123	30.7	4.48	180	60.1	15.0
3.20	263	121	30.3	4.50	179	59.5	14.0
3.22	259	120	29.9	4.52	177	59.0	14.7
3.24	254	118	29.5	4.54	175	58.4	14.6
3.26	250	117	29.2	4.56	174	57.0	14.5
3.28	245	115	28.8	4.58	172	57.3	14.3
3.30	341	114	28.4	4.60	170	56.8	14.2
3.32	337	112	28.1	4.62	169	56.3	14.1
3.34	333	111	27.7	4.64	167	55.8	13.9
3.36	329	110	27.4	4.66	166	55.3	13.8
3.38	325	108	27.1	4.68	164	54.8	13.7
3.40	321	107	26.7	4.70	163	54.3	13.6
3.42	317	106	26.4	4.72	161	53.8	13.4
3.44	313	104	26.1	4.74	160	53.3	13.3
3.46	309	103	25.8	4.76	158	52.8	13.2
3.48	306	102	25.5	4.78	157	52.3	13.1

$D=10mm$，$P=30000N$时的压痕直径/mm	布氏硬度*HB*在下列载荷*P*（kg）下			$D=10mm$，$P=30000N$时的压痕直径/mm	布氏硬度*HB*在下列载荷*P*（kg）下		
	$30D^2$	$10D^2$	$2.5D^2$		$30D^2$	$10D^2$	$2.5D^2$
4.80	159	51.9	13.0	4.90	149	49.6	12.4
4.82	154	51.4	12.0	4.92	148	49.2	12.3
4.84	153	51.0	12.0	4.94	146	48.8	12.2
4.86	152	50.5	12.6	4.96	145	48.4	12.1
4.88	150	50.1	12.5	4.98	144	47.9	12.0

注 ①表中压痕直径为ϕ10mm钢球试验数值，如用ϕ5mm或ϕ2.5钢球试验时，则所得压痕直径应分别增加2倍或4倍。例如，用ϕ5mm钢球在750kg载荷作用下所得压痕直径为1.66mm，则在查表时应采用3.30mm（即$1.652x=3.30$），而其相应硬度值为341。②根据GB 231—63规定，压痕直径的大小应在$0.25D<d<0.6D$范围内，故表中对此范围以氏上的硬度值均加括号"（ ）"，仅供参考。③表中未列出压痕直径的*HB*，可根据其上下两数值用内插法计算求得。

　　布氏硬度用的压头是淬火钢球。由于钢球本身存在变形和硬度问题，所以不能测试太硬的材料，一般大于HB450的材料即不能使用。布氏硬度压痕较大，产品检验时有困难。试验过程比洛氏硬度复杂，不能在硬度计上直接读数，还需用带刻度的低倍放大镜测出压痕直径，然后通过查表或计算才能得到布氏硬度值。布氏硬度试验常用于测定铸铁、有色金属、低合金结构钢等的原材料以及结构钢调质后的硬度。

　　硬度是指一种材料抵抗另一较硬的具有一定形状和尺寸的物体（金刚石压头或钢球）压入其表面的阻力。由于硬度试验简单易行，又无损于零件，因此在生产和科研中应用十分广泛。另外，硬度和抗拉强度之间有近似的正比关系：

$$\sigma_b=K\times HB\times 10 \quad (MN/m^2) \tag{1-3}$$

　　式中的*K*为系数，对不同材料和其不同的热处理状态*K*值不同。例如，碳钢的*K*值为0.36，调质状态的合金钢为0.34，铸铝为0.26。

　　常用的硬度试验方法有以下4种。

　　洛氏硬度计：主要用于金属材料热处理后的产品性能检验。

　　布氏硬度计：应用于黑色、有色金属原材料检验，也可测一般退火、正火后试件的硬度。

　　维氏硬度计：应用于薄板材料及材料表层的硬度测定，以及较精确的硬度测定。

显微硬度计：主要应用于测定金属材料的显微组织及各组成相的硬度。

本实验重点介绍最常用的洛氏硬度试验法。

（二）洛氏硬度（HB）

1. 洛氏硬度基本原理

洛氏硬度试验，是用特殊的压头（金刚石压头或钢球压头），在先后施加两个载荷（预载荷和总载荷）的作用下压入金属表面来进行的，总载荷 P 为预载荷 P_0 和主载荷 P_1 之和，即 $P=P_0+P_1$。

洛氏硬度值是施加总载荷 P 并卸除主载荷 P_1 后，在预载荷 P_0 继续作用下，由主载荷 P_1 引起的残余压入深度 e 来计算（图1-1-2）。

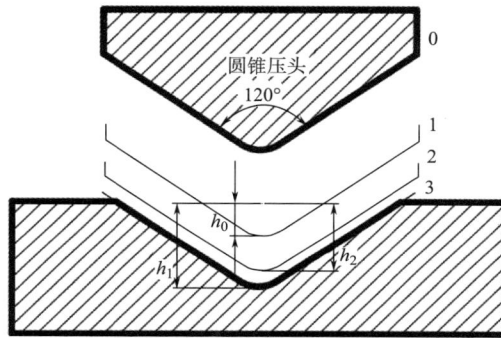

图1-1-2　洛氏硬度测量原理示意图

图1-1-2中，h_0 表示在预载荷 P_0 作用下，压头压入被试材料的深度；h_1 表示施加总载荷 P 并卸除主载荷 P_1，但仍保留预载荷 P_0 时，压头压入被试材料的深度。

深度差 $e=h_1-h_0$，该值用来表示被测材料硬度的高低。

在实际应用中，为了使硬的材料得出的硬度值比软的材料得的硬度值高，以符合一般的习惯，将被测材料的硬度值用公式加以适当变换，即

$$HR=[K-(h_1-h_0)]/C \qquad\qquad (1-4)$$

式中，K 为一常数，其值在采用金刚石压头时为0.2，采用钢球压头时为0.26；C 为另一常数，代表指示器读数盘每一刻度相当于压头压入被测材料的深度，其值为0.002mm。

HR为标注洛氏硬度的符号，当采用金刚石压头及150kg的总载荷试验时，应标注HRC；当采用钢球压头及100kg总载荷试验时，则应标注HRB。

HR值测量时可直接由硬度计表盘读出。表盘上有红、黑两种刻度，红线刻度的30

和黑线刻度的0相重合，见图1-1-3。

图1-1-3　洛氏硬度计的刻度盘

为了扩大洛氏硬度的测量范围，可采不同的压头和总载荷配成不同的洛氏硬度标度，每一种标度用同一个字母在洛氏硬度符号HR后加以注明，常用的有HRA、HRB、HRC三种。试验规范见表1-1-5。

表1-1-5　各种洛氏硬度值的符号、试验条件与应用

标度符号	压头	总载荷/kg	表盘上刻度颜色	常用硬度值范围	应用举例
HRA	金刚石圆锥	50	黑线	70～85	碳化物、硬质合金、表面硬化工件等
HRB	1/16钢球	100	红线	25～100	软钢、退火钢、铜合金等
HRC	金刚石圆锥	150	黑线	20～67	淬火钢、调质钢等
HRD	金刚石圆锥	100	黑线	40～77	薄钢板、表面硬化工件等
HRE	1/8钢球	100	红线	70～100	铸铁、铝、镁合金、轴承合金等
HRF	1/16钢球	60	红线	40～100	薄硬钢板、退火铜合金等
HRG	1/16钢球	150	红线	31～94	磷青铜、铍青铜等

2．洛氏硬度计的构造及操作

洛氏硬度计类型较多，外形构造也各不相同，但构造原理及主要部件均相同。操作方法如下。

（1）按表1-1-5选择压头及载荷。

（2）根据试样大小和形状选用载物台。

（3）将试样上下两面磨平，然后置于载物台上。

（4）加预载。按顺时针方向转动升降机构的手轮，使试样与压头接触，并观察

读数百分表上小针移动至小红点为止。

（5）调整读数表盘，使百分表盘上的长针对准硬度值的起点。如试验 HRC、HRA 硬度时，把长针与表盘上黑字C处对准。试验HRB时，使长针与表盘上红字B处对准。

（6）加主载。平稳地扳动加载手柄，手柄自动升高至停止位置（时间为 5～7s），并停留10s。

（7）卸主载。扳回加戴手柄至原来位置。

（8）读硬度值。表上长针指示的数字为硬度的读数。HRC、HRA读黑数字。HRB读红数字。

（9）下降载物台。当试样完全离开压头后，才可取下试样。

（10）用同样的方法在试样的不同位置测三个数据，取其算术平均值为试样的硬度。

各种洛氏硬度值之间，洛氏硬度与布氏硬度间都有一定的换算关系，对钢铁材料而言，大致有下列关系式：

$$HRC=2HRA-104$$
$$HB=10HRC（HRC范围40～60）$$
$$HB=2HRB$$

3. 注意事项

（1）根据被测金属材料的硬度高低，按表1-1-5选定压头和载荷。

（2）试样表面应平整光洁，不得有氧化皮或油污以及明显的加工痕迹。可用细砂轮或砂纸将工件表面磨平。

（3）根据工件的大小与形状选择适当的工作台，以保证试件能平稳地安放在工作台上，并使被测表面与压头保持垂直。圆柱形试样应放在带有V型槽的工作台上操作以防试样滚动。

（4）加预载荷（10kg）时若发现阻力太大，应停止加载，立即报告，检查原因；加载时应细心操作，以免损坏压头。

（5）测完硬度值，卸掉载荷后，必须使压头完全离开试样后再取下试样。

（6）金刚石压头是贵重物件，质硬而脆，使用时要小心谨慎，严禁与试样或其他物件碰撞。

（7）试样厚度应不小于压入深度的10倍，两相邻压痕及压痕离试样边缘的距离均不应小于3mm。

（8）加载时力的作用线必须垂直于试样表面，加载和卸载均需缓慢进行。

（三）维氏硬度（HV）

1. 维氏硬度基本原理

维氏硬度的测试原理基本上和布氏硬度试验相同。图1-1-4为维氏硬度试验原理图。它是用一个相对面间夹角为136°的金刚石正四棱锥体压头，在规定载荷F的作用下压入被测金属表面，保持一定时间后卸除载荷。然后再测量压痕的两对角线长度的平均值d(压痕深度约为压痕对角线长度的1/7)，进而计算出压痕的表面积S，最后求出压痕表面单位面积上平均压力(F/S)，以此作为被测金属的硬度值,称为维氏硬度,用符号HV表示。即

$$HV = \frac{F}{S} = \frac{1.8544F}{d^2} = \frac{0.1891F}{d^2}$$

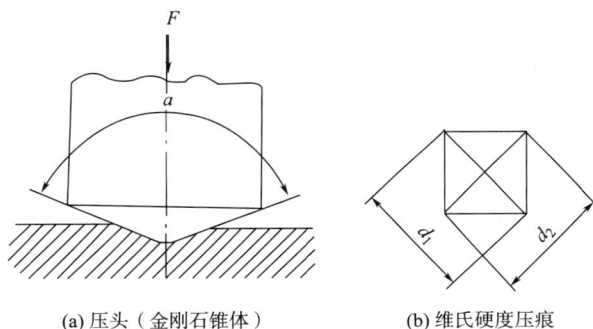

(a) 压头（金刚石锥体）　　(b) 维氏硬度压痕

图1-1-4　维氏硬度试验原理图

2. 维氏硬度计应用

维氏硬度的单位是kgf/mm²,但习惯上只写出硬度数值而不标出单位。与布氏硬度值一样，在硬度符号HV之前的数字为硬度值，HV后的数值依次表示载荷和载荷保持时间(保持时间为10～15s时不标注)。例如,640HV30表示在30kgf(294.2N)载荷作用下,保持10～15s测得的维氏硬度值为640；640HV30/20表示在30kgf(294.2N)载荷作用下,保持20s测得的维氏硬度位为640。

维氏硬度试验常用的载荷有5kgf（49.03N）、10kgf（98.07N）、20 kgf (196.1N)、30kgf (294.2N)、50kgf(490.3N)和100kgf (980.7N)等。试验时，载荷F应根据试样的硬度与厚度来选择。一般在试样厚度允许的情况下尽可能选用较大载荷,以获得较大压痕,提高测量精度。实际测试时,硬度值并不需要计算,只要用装在机体上的测量显微镜测出压痕两对角线的平均长度d,就可根据d的大小在GB 4340.1—2009附表中查得硬度值。图1-1-5为HVA-10A型小负荷维氏硬度计。

图1-1-5　维氏硬度计

　　维氏硬度值与试验力除以压痕表面积的商成正比,压痕被视为具有正方形基面并与压头角度相同的理想形状。

　　维氏硬度试验法的优点是所加载荷小，压入深度浅，故适用于测试零件表面淬硬层及化学热处理的渗层(如渗碳层、渗氮层)的硬度。同时，维氏硬度是一个连续一致的标尺,试验时载荷可任意选择，且不影响其硬度值的大小，因此可测定从极软到极硬的各种金属材料的硬度。维氏硬度试验法的缺点是其硬度值的测定较麻烦,工作效率不如测洛氏硬度高。

　　为了测量浅层渗层、镀层、极薄片工件等硬度，可选用小负荷维氏硬度计。小负荷维氏硬度计的试验力范围为0.2～5kgf(1.961~49.03N)，其实验原理和操作过程与维氏硬度计完全一样。

实验二
金相显微镜的使用和金相组织的观察

一、实验目的

（1）熟悉金相显微镜的基本原理及使用方法。

（2）观察和分析铁碳合金（碳钢及白口铸铁）在平衡状态下的显微组织。

（3）识别淬火组织特征，分析其性能特点，掌握平衡组织和非平衡组织的形成条件和组织性能特点。

（4）分析成分（含碳量）对铁碳合金显微组织的影响，全面加深对成分、组织与性能之间的相互关系的理解。

二、基本概述

（一）金相显微镜

金相显微镜的光学原理如图1-2-1所示。光学系统包括物镜、目镜及一些辅助光学零件。物镜和目镜分别由两组透镜组成。对着物体AB的一组透镜组成物镜O_1，对着人眼的一组透镜组成目镜O_2。现代显微镜的物镜、目镜都由复杂的透镜系统组成。

物镜使物体AB形成放大的倒立实像$A'B'$（称中间像）。目镜再将$A'B'$放大成仍倒立的虚像$A''B''$，其位置正好在人眼的明视距离处（即距人眼250mm处），我们在显微镜目镜中看到的就是这个虚像$A'B'$。

金相显微镜的主要性能如下。

1. 金相显微镜的放大倍数

放大倍数由下式来确定：

$$M=M_物×M_目=LF_物·DF_目 \qquad (2-1)$$

式中：M——金相显微镜放大倍数；

$M_物$——物镜的放大倍数；

$M_目$——目镜的放大倍数；

$F_物$——物镜的焦距mm；

$F_目$——目镜的焦距mm；

L——金相显微镜的光学镜筒长度，mm；

D——明视距离（250mm）。

$F_物$、$F_目$越短或L越长，则金相显微镜的放大倍数越大。在使用时，显微镜的放大倍数就是物镜和目镜的放大倍数的乘积。有的小型显微镜的放大倍数需乘一个镜筒系数，因为它的镜筒长度比规定的显微镜筒短。

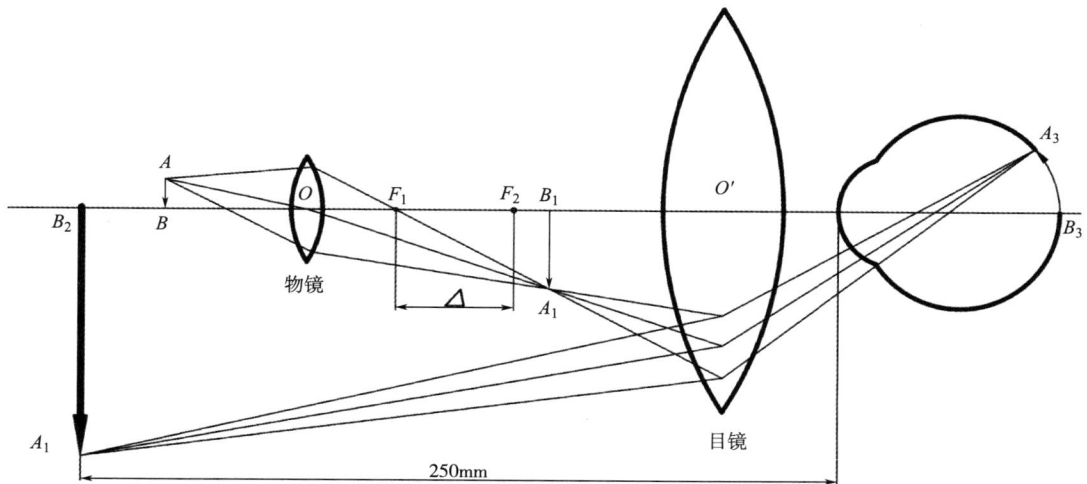

图1-2-1　金相显微镜的光学原理

2. 金相显微镜的鉴别率

金相显微镜的鉴别率是指它能清晰地分辨试样上两点间最小距离d的能力。在普通光线下，人眼能分辨两点间的最小距离为0.15～0.30mm，即人眼的鉴别率d为0.15～0.30mm，而显微镜当其有效放大倍数为1400倍时，其鉴别率d为0.21×10^{-3}mm。显然，d值越少，鉴别率就越高。鉴别率是显微镜的一个最重要的性能。它可由下式计算：

$$d=\lambda/2A \tag{2-2}$$

式中：λ——入射光线的波长；

　　　A——物镜的数值孔径。

显微镜的鉴别率取决于使用光线的波长和物镜的数值孔径，与目镜无关，光线的波长可通过滤色片来选择。蓝色光的波长（$\lambda=0.44\mu m$）比黄绿光的（$\lambda=0.55\mu m$）短，所以鉴别率较黄绿光的大25%。当光线的波长一定时，可通过改变物镜的数值孔径来调节显微镜的鉴别率。

3. 物镜的数值孔径

数值孔径A表示物镜的集光能力，如图1-2-2所示。

$$A=n\sin\varphi$$

式中：n——物镜与试样之间介质的折射率；

　　　φ——物镜孔径角的一半。

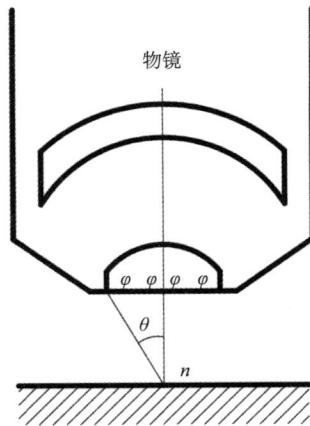

图1-2-2　物镜的孔径角

n越大或φ角越大，则A越大。由于φ总是小于90°的，所以在空气介质（$n=1$）中使用时，A一定小于1，这类物镜称干系物镜。当物镜与试样之间充满松柏油介质（$n=1.5$时），A值最高可达1.4，这就是显微镜在高倍观察时用的油浸系物镜（简称油镜头）。每个物镜都有一个设计额定的A值。它标刻在物镜体上。

4. 放大倍数、数值孔径、鉴别率之间的关系

显微镜的同一放大倍数可由不同倍数的物镜和目镜来组合。如45倍的物镜乘以10倍的目镜、15倍的物镜乘以30倍的目镜，都是450倍，所以对于同一放大倍数，存在着如何合理选用物镜和目镜的问题。因此，应该首先确定物镜，然后根据计算选定目镜，并必须使显微镜的放大倍数在该物镜数值孔径的500～1000倍，即

$$M=500A-1000A$$

这个范围称有效放大倍数范围。若$M<500A$，则未能充分发挥物镜的鉴别率。若$M>1000A$，则造成虚伪放大，细微部分将分辨不清。

5. 透镜成像的缺陷

面象差：如图1-2-3所示，单色光（即一定波长的光线）通过透镜后，由于透镜表面呈球形，光线不能交于一点而使放大后的象模糊不清。此现像称为球面像差。

降低球面像差的办法，除了制造物镜时采取不同透镜的组合进行必要的校正外，在使用显微镜时，也可采取调节孔径光栏，适当控制入射光束粗细，减少透镜表面积等方法，把球面像差降低到最低程度。

表1-2-1列出了LDW200-4XB型光学显微镜在物镜和目镜不同组合情况下的放大倍数。

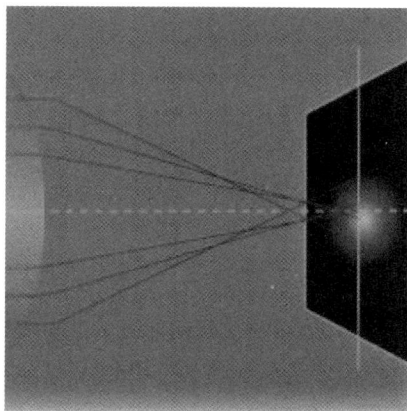

图1-2-3 球面像差示意图

表1-2-1 LDW200-4XB型光学显微镜的放大倍数

光学系统	物镜放大倍数	目镜放大倍数	
		10	12.5
干燥系	10（NA=0.25）（工作距离7.32mm）	100	125
干燥系	40（NA=0.65）（工作距离0.66mm）	400	500
油浸系	100（NA=1.25）（工作距离0.37mm）	1000	1250

（二）光学显微镜的使用方法及注意事项

1．光学显微镜的使用方法

光学显微镜是一种精密的光学仪器，必须小心谨慎使用。初次操作显微镜之前，应先熟悉其构造特点及主要部件的相互位置和作用，然后按照显微镜的使用规程进行操作。在使用LDW200-4XB型光学显微镜时应按下列步骤进行。

（1）根据放大倍数选用所需的物镜和目镜，分别安装在物镜和目镜筒内，并使转换器转至固定位置（由定位器定位）。

（2）转动载物台，使物镜位于载物台中心孔的中央.然后把金相试样的现察面朝下倒置在载物台上。

（3）将显微镜的电源插头插在变压器上，通过低压（6~8V）变压器接通电源。

（4）转动粗调焦手轮，使载物台逐渐上升以调节焦距，当视场亮度增强时再改用微调焦手轮进行调节，直至将物像调整到最清晰的程度为止。

（5）适当调节孔径光阑和视场光阑，以获得最佳质量的物像。

（6）如果使用油浸系物镜，可在物镜的前透镜上滴点松柏油，也可以将松柏油直接滴在试样的表面上。用完物镜后应立即用棉花蘸取二甲苯溶液将其擦净再用镜头纸擦干。

2. 光学显微镜使用注意事项

（1）金相试样要干净，不得残留酒精和浸蚀液以免腐蚀显微镜的镜头，更不能用手指去触摸镜头。若镜头中落有灰尘，可以用镜头纸擦拭。

（2）操作时必须特别细心，不得有粗暴和剧烈的动作。不允许自行拆卸光学系统。

（3）在更换物镜或调焦时，要防止物镜受碰撞而损坏。

（4）在旋转粗调焦或微调焦手轮时，动作要缓慢，当碰到障碍时应立即停下来，进行检查。不得用力强行转动，否则将会损坏机件。

（三）铁碳合金的平衡组织

铁碳合金的平衡组织是指铁碳合金在极为缓慢的冷却条件下（如退火状态）所得到的组织。可以根据$Fe-Fe_3C$相图来分析其在平衡状态下的显微组织。铁碳合金主要包括碳钢和白口铸铁，其室温组成相由铁素体（F）和渗碳体（Fe_3C）这两个基本相所组成。由于含碳量不同，铁素体和渗碳体的相对量、析出条件及分布状况均有所不同，因而呈现不同的组织形态。不同成分的铁碳合金在室温下的显微组织见表1-2-2。

表1-2-2　各种铁碳合金在室温下的显微组织

类型		含碳量/%	显微组织	浸蚀剂
工业纯铁		<0.02	铁素体	4%硝酸酒精溶液
碳钢	亚共析钢	0.02~0.77	铁素体+珠光体	4%硝酸酒精溶液
	共析钢	0.77	珠光体	4%硝酸酒精溶液
	过共析钢	0.77~2.11	珠光体+二次渗碳体	苦味酸钠溶液
白口铸铁	亚共晶白口铸铁	2.11~4.3	珠光体+二次渗碳体+莱氏体	4%硝酸酒精溶液
	共晶白口铸铁	4.3	莱氏体	4%硝酸酒精溶液
	过共晶白口铸铁	4.3~6.69	莱氏体+一次渗碳体	4%硝酸酒精溶液

铁碳合金在金相显微镜下具有下面四种基本组织。

（1）铁素体（F）。铁素体是碳溶解于α-Fe中的间隙固溶体。工业纯铁用4%硝酸酒精溶液浸蚀后，在显微镜下呈现明亮的等轴晶粒。亚共析钢中铁素体呈白色块状分布，当含碳量接近共析成分时，铁素体则以断续的网状分布于珠光体周围。

（2）渗碳体（Fe_3C）。渗碳体是铁与碳形成的金属间化合物，其含碳量为6.69%，质硬而脆，耐蚀性强。经4%硝酸酒精浸蚀后，渗碳体呈亮白色。而铁素体浸蚀后呈灰白色，由此可区别铁素体和渗碳体。渗碳体可以呈现不同的形态：一次渗碳体直接由液体中结晶出，呈粗大的片状；二次渗碳体由奥氏体中析出，常呈网状分布于奥氏体的晶面；三次渗碳体由铁素体中析出，呈不连续片状分布于铁素体晶界处，数量极微，可忽略不计。

（3）珠光体（P）。珠光体是铁素体和渗碳体呈层片状交替排列的机械混合物。经4%硝酸酒精浸蚀后，在不同放大倍数的显微镜下可以看到具有不同特征的珠光体组织。当放大倍数较低时，珠光体中的渗碳体呈黑线状，甚至珠光体片层也因分辨率不够而呈黑色。

（4）莱氏体（L_d）。莱氏体在室温时是由珠光体和渗碳体所组成的机械混合物。其组织特征是在亮白色渗碳体基底上相间地分布着暗黑色斑点及细条状珠光体。根据含碳量可分为工业纯铁、钢和铸铁三大类。其中，钢又可分为亚共析钢，共析钢和过共析钢三种，亚共析钢随着含碳的增加，铁素体的量逐渐减少而珠光体的量则相应增加。铸铁又可分为亚共晶白口铸铁，共晶白口铸铁和过共晶白口铸铁三种。各类铁碳合金的平衡组织如图1-2-4～图1-2-10所示。

（四）铁碳合金的非平衡组织

1. 共析钢（T8）过冷奥氏体在不同温度下转变的组织和性能（见表1-2-3）

表1-2-3　共析钢（T8）过冷奥氏体在不同温度下转变的组织和性能

转变类型	转变产物	形成温度/℃	转变机制	显微组织特征	硬度/HRC	工艺
珠光体	P	A_1~650	扩散性	粗片状，铁素体、Fe_3C相间分布	2~20	退火
	S	650~600		细片状，铁素体、Fe_3C相间分布	20~30	正火
	T	600~550		极细片状，铁素体、Fe_3C相间分布	30~40	等温处理

续表

转变类型	转变产物	形成温度/℃	转变机制	显微组织特征	硬度/HRC	工艺
贝氏体	$B_上$	550~350	半扩散性	羽毛状、短棒状Fe_3C分布于过饱和条状铁素体之间	40~50	等温处理
	$B_下$	350~M_s		竹叶状、细片状Fe_3C分布于过饱和针状铁素体	50~60	等温淬火
马氏体	$M_针$	M_s–M_f	非扩散性	针叶状	60~65	淬火
				板条状	50	

2. 各种组成相或组织组成物的特征

（1）铁素体（F）是碳溶于α–Fe的固溶体。铁素体为体心立方晶格，具有磁性和良好的塑性，硬度较低，一般为HB80～120，经3%～5%硝酸酒精溶液浸蚀后，在显微镜下观察呈白色晶粒，见工业纯铁的组织（图1–2–4）。随着钢中碳含量的增加，铁素体量减少。铁素体量较多时块状分布（图1–2–5）。当钢中碳含量接进共析成分时，铁素体往往呈断续的网状，分布于珠光体的周围（图1–2–6）。

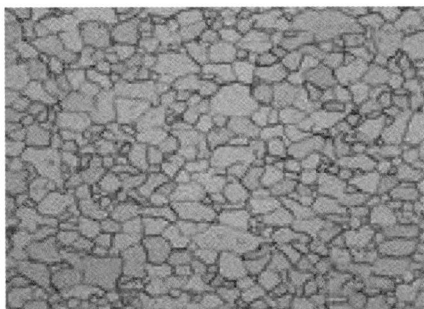

图1–2–4　工业纯铁的显微组织图

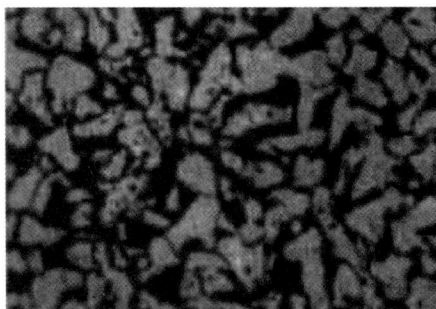

图1–2–5　含0.4%C碳钢的显微组织

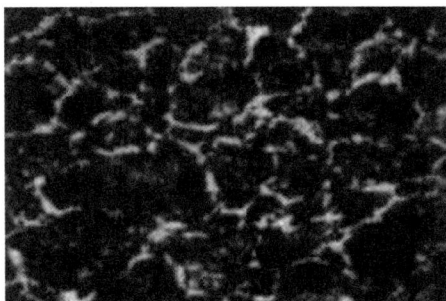

图1–2–6　含0.6%C碳钢的显微组织

（2）渗碳体是铁与碳形成的化合物（Fe_3C），它的碳含量为6.69%，抗浸蚀能力较强。经3~5%硝酸酒精溶液侵蚀后呈白亮色（图1-2-7）。

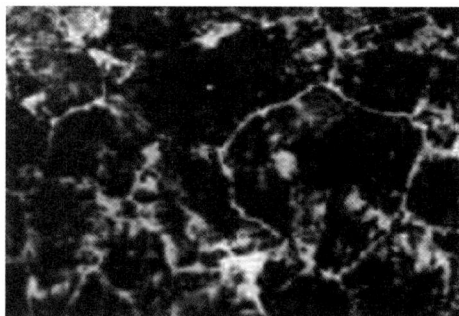

图1-2-7　含1.2%C碳钢的显微组织

一次渗碳体（Fe_3C_I）是直接从液体中析出的，呈长白条状，分布在莱氏体之间；二次渗碳体（Fe_3C_{II}）是由奥氏体（A）中析出的，数量较少，皆沿奥氏体晶界析出。在奥氏体转变成珠光体后，它呈网状分布在珠光体的边界上。另外，经不同的热处理后，渗碳体可以呈片状、粒状或断续网状。渗碳体的硬度很高，可达HB800以上，是一种硬而脆的相，强度和塑性都很差。

（3）珠光体（P）是铁素体和渗碳体的共析机械混合物。它是由铁素体片和渗碳体片相互交替排列形成的层片状组织。经3%~5%硝酸酒精溶液或苦味酸溶液浸蚀后，试样磨面上的条状铁素体和渗碳体因边界被浸蚀呈黑色线条，在不同放大倍数的显微镜下观察时，具有不太一样的特征。在600倍以上的高倍下观察时，每个珠光体团中是平行相间的宽条铁素体和细条渗碳体，它们都呈白亮色。而其边界呈黑色（图1-2-8）在400倍左右的中倍数观察时，白亮的渗碳体细条被两边黑色的边界线"吞食"，而变成黑条，这时看到的珠光体是宽白条的铁素体和细黑条的渗碳体相间的混合物（图1-2-9）。

在200倍以下的低倍观察时，由于显微镜的鉴别率较低，宽白条的铁素体和细黑条的渗碳体也很难分辨，这时的珠光体是一片暗黑，成为黑块的组织。图1-2-9中的黑块即是珠光体组织。

（4）莱氏体（Le′）在室温时是珠光体和渗碳体的机械混合物。渗碳体中包括共晶渗碳体和二次渗碳体，两种渗碳体相连在一起，没有边界线，无法分辨开。经3%~5%硝酸酒精浸蚀后，莱氏体的组织特征是，在白亮色的渗碳体基本上分布着许多黑色点（块）状或条状的珠光体［图1-2-10（b）］。莱氏体硬度很高，达

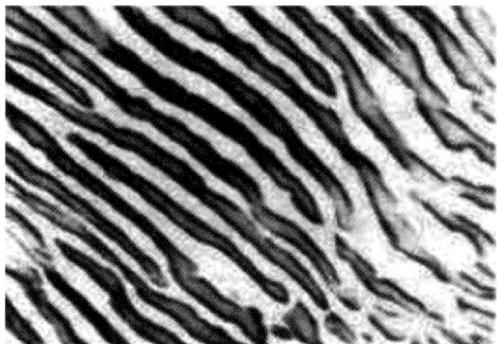
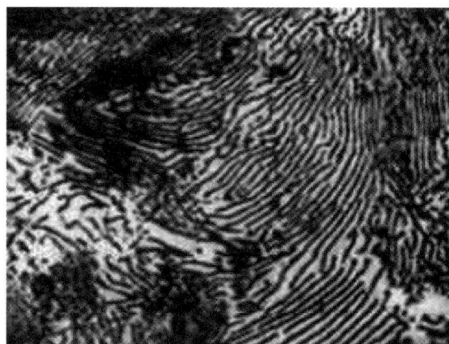

图1-2-8　高倍下的珠光体　　　　　图1-2-9　中倍下的珠光体

HB700，性脆。它一般存在于含碳量大于2.11%的白口铸铁中，在某些高碳合金钢的铸造组织中也常有出现。

在亚共晶白口铸铁中，莱氏体被黑色粗树枝状所分割，而且可看到在珠光体周围有一圈白亮的二次渗碳体〔图1-2-10（a）〕。

在过共晶白口铸铁中，莱氏体被粗大的白色长条状的一次渗碳体所分割〔图1-2-10（c）〕。

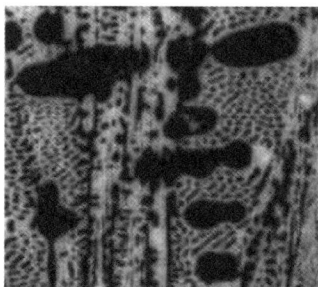

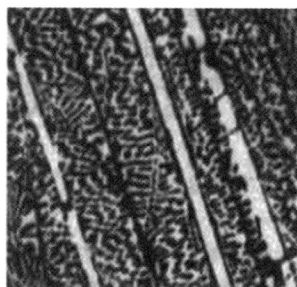

（a）　　　　　　　　　　（b）　　　　　　　　　　（c）

图1-2-10　铸铁的显微组织图〔（a）亚共晶白口铸铁、（b）共晶白口铸铁、

（c）过共晶白口铸铁〕

3. 亚共析钢的含碳量估算

亚共析钢的碳含量在0.0218% ~ 0.77%范围内，平衡状态下组织为铁素体和珠光体。随着碳含量的增加，铁素体的数量逐渐减少，而珠光体图的数量则相应地增多，两者的相对重量可由杠杆定律求得。例如，碳含量为0.45%钢（45钢），其珠光体的相对重量为：$P=0.45/0.77 \times 100\%=56\%$；铁素体的相对重量为：$P=0.77-0.45/0.77 \times 100\%=44\%$。

相反，因珠光体、铁素体和渗碳体的比重相近，也可以通过在显微镜下观察到的珠光体和铁素体各自所占面积的百分数近似地计算出钢的含碳量。例如，在显微镜下观察到约有50%的面积为珠光体，50%的面积为铁素体，则此钢的碳含量 $C\%=50\%\times0.77=0.4\%$，即相当于40钢（铁素体在室温下含碳量极微为0.008%，可忽略不计）。

（1）退火组织。碳钢经退火后获得前文所述的平衡组织，共析钢和过共析钢经球化退火后，获得由铁素体和球状渗碳体组成的球状珠光体组织。

（2）正火组织。碳钢经正火后的组织比退火后的组织细。相同成分的亚共析钢，正火后珠光体含量比退火后的多。

（3）淬火组织。碳钢经淬火或等温淬火后获得不平衡组织。碳钢淬火后的组织为马氏体和残余奥氏体。淬火马氏体是碳在α-Fe中的过饱和固溶体，其形态取决于马氏体中的含碳量；低碳钢淬火后得到的马氏体呈板条状，强而韧；高碳钢淬火后得到的马氏体呈针叶状，硬而脆；中碳钢淬火后得到板条状马氏体和针叶状马氏体的混合组织。

（4）等温淬火组织。碳钢经等温淬火后获得贝氏体组织。在贝氏体转变温度范围内：等温温度较高时，获得上贝氏体，呈羽毛状，它塑性和韧性差，应用较少；等温温度较低时，获得下贝氏体，它呈黑色针叶状，强而韧，等温淬火的温度是根据钢的成分而定。

三、实验内容

（1）实验前应复习课本中的有关内容，认真阅读实验指导书。

（2）每一小组同学领取表1-2-4所列样品一个及对应的金相图片一张，将样品放在显微镜上观察，注意显微镜的正确使用，分析显微镜下的组织特征。

观察试样的组织时，先明确样品材料成分、处理条件及浸蚀剂等。观察过程中，先选用低倍（125倍）镜观察，找出典型组织，然后用中倍（500倍）镜对这些区域进行仔细观察，将整体观察和局部观察结合起来，这样才能对一块金相试样做出全面分析，在移动金相组织中的每个相组成物和组织成物，如铁素体、渗碳体、珠光体等的形态，数量大小及分布特征，并结合铁碳相图分析其结晶过程及组织结构。画出所观察试样的组织示意图。

（3）画组织示意图的方法如下所示。

①先认识、了解各组织特征，再画每个试样中典型区域的显微组织示意图。注意

不要把杂质、划痕等画在图上。

②示意图应画在直径为30~50mm的圆内，在图边注明材料名称、含碳量、浸蚀剂和放大倍数等，并将组织组成物用细线引出标明。

表1-2-4　钢和铸铁的平衡组织与非平衡组织样品

序号	试样编号	材料名称	处理状态	浸蚀剂	放大倍数	显微组织
1	1	工业纯铁	退火	4%硝酸酒精	500	F
2	2	20钢	退火	4%硝酸酒精	500	F+P
3	3	45钢	退火	4%硝酸酒精	500	F+P
4	4	65钢	退火	4%硝酸酒精	500	F+P
5	5	T8钢	退火	4%硝酸酒精	500	P
6	6	T12钢	退火	4%硝酸酒精	500	$P+Fe_3C_{II}$
7	8	亚共晶白口铸铁	铸态	4%硝酸酒精	500	$P+Fe_3C_{II}+L'_d$
8	9	共晶白口铸铁	铸态	4%硝酸酒精	500	L'_d
9	10	过共晶白口铸铁	铸态	4%硝酸酒精	500	$Fe_3C_{II}+L'_d$
10	13	T8钢	280℃等温淬火	4%硝酸酒精	500	$B_下+M+A'$
11	15	20钢	淬火	4%硝酸酒精	500	$M_板$
12	16	T8钢	淬火	4%硝酸酒精	500	$M_针+A'$
13	17	45钢	正火	4%硝酸酒精	500	F+S
14	19	45钢	860℃淬火	4%硝酸酒精	500	M
15	22	45钢	860℃淬火+高温回火	4%硝酸酒精	500	$S_回$
16	25	T12钢	球化退火	4%硝酸酒精	500	P球（F+F$_3$C$_球$）
17	28	40Cr钢	淬火+高温回火	4%硝酸酒精	500	$S_回$
18	30	GCr15钢	淬火+高温回火	4%硝酸酒精	500	$M+A'$

实验三
碳钢的热处理

一、实验目的

（1）了解碳钢热处理（退火、正火、淬火和回火）的基本工艺方法。

（2）了解不同工艺对碳钢组织与性能的影响。

二、实验原理

热处理是指将钢在固态下加热、保温和冷却，以改变钢的组织结构，获得所需要性能的一种工艺。采用不同的热处理工艺，会使钢产生不同的组织结构，从而获得所需要的性能。钢的热处理基本工艺方法可分为退火、正火、淬火和回火等。

（一）钢的退火和正火

钢的退火是把钢加热到临界温度A_{c1}或A_{c3}以上30~50℃，保温一段时间，然后缓慢地随炉冷却。此时奥氏体在高温区发生分解而得到比较接近平衡状态的组织。中碳钢（如40钢、45钢）经退火后组织稳定，硬度较低（180~220HBW），有利于下一步的切削加工。

正火是将钢加热到A_{c3}或A_{cm}以上30~50℃，保温后空冷。因冷却速度稍快，与退火组织相比，组织中的珠光体的量相对较多，且片层较细密，所以性能有所改善。对于低碳钢，正火可提高硬度，改善切削加工性，降低零件表面粗糙度。对于高碳钢，正火可消除网状渗碳体，为下一步球化退火及淬火做准备。

（二）钢的淬火

淬火是将钢加热到A_{c3}（亚共析钢）或A_{c1}（过共析钢）以上30~50℃，保温后放入各种不同冷却介质中快速冷却（$V_冷$应大于$V_临$），以获得马氏体组织的一种工艺。碳钢经淬火后的组织由马氏体及一定数量的残余奥氏体所组成。

淬火必须考虑三个重要因素：淬火加热温度、保温时间和冷却速度。

1. 淬火加热温度的选择

正确选定加热温度是保证淬火质量的重要环节。淬火时的加热温度主要取决于钢的含碳量，可根据铁碳相图确定。对于亚共析钢，淬火加热温度为A_{c3}+（30~50℃）。对于过共析钢，淬火加热温度为A_{c1}+（30~50℃）。淬火不能任意提高加热温度。因为温度过高，晶粒容易长大，并增加发生氧化脱碳和变形的概率。各种不同成分碳钢的临界温度列于表1-3-1。

表1-3-1　各种碳钢的临界温度（近似值）

类别	钢号	临界温度/℃			
		A_{c1}	A_{c3}	A_{r1}	A_{r3}
碳素结构钢	20	735	855	680	835
	30	732	813	677	835
	40	724	790	680	796
	45	724	780	682	760
	50	725	760	690	760
	60	727	766	700	721

2. 淬火加热时间的确定

淬火加热时间实际上是将试样加热到淬火温度所需的时间及在淬火温度停留所需时间的总和。加热时间与钢的成分、工件的形状尺寸、所用的加热介质、加热方法等因素有关，一般按照经验公式加以估算。碳钢在箱式电炉中的淬火加热时间可参见表1-3-2。

表1-3-2　碳钢在式电炉中的淬火加热时间

加热温度/℃	工件形状		
	圆柱形	方形	板型
	淬火加热时间		
	min/mm（直径）	min/mm（厚度）	min/mm（厚度）
700	1.5	2.2	3
800	1	1.5	2
900	0.8	1.2	1.6
1000	0.4	0.6	0.8

3. 冷却速度的影响

冷却是淬火的关键工序，直接影响到钢淬火后的组织相性能。冷却时应使冷却速度大于临界冷却速度，以保证获得马氏体组织。在这个前提下，温度又应尽量缓慢冷却，以减小内应力，防止变形和开裂。根据C曲线图，可使淬火工件在过冷奥氏体最不稳定的温度范围（650~550℃）内进行快冷（即与C曲线的"鼻尖"相切），而在较低温度（300~100℃）下的冷却速度则尽可能小于此。不同的冷却介质在不同的温度范围内的冷却能力有所差别。几种常用冷却介质的特性见表1-3-3。

表1-3-3　几种常用冷却介质的冷却能力

冷却介质	冷却速度/（℃/s）	
	650~550℃	300~200℃
18℃的水	600	270
26℃的水	500	270
50℃的水	100	270
74℃的水	30	200
10%NaCl水溶液（18℃）	1100	300
10%NaOH水溶液（18℃）	1200	300
10%NaCO$_3$水溶液（18℃）	800	270
蒸馏水	250	200
肥皂水	30	200
菜子油（50℃）	200	35
矿物机器油（50℃）	150	20
变压器油（50℃）	120	25

（三）钢的回火

钢经淬火后得到的马氏体组织质硬而脆，并且工件内部存在很大的内应力，如果直接进行磨削加工往往会出现龟裂，使用淬火钢加工精密的零件，在使用过程中易发生尺寸变化而失去精度，甚至开裂。因此，必须对淬火钢进行回火处理。

回火是指将淬火钢加热到A以下的某温度，经保温后再冷却的工艺。碳钢常用的回火方式、回火目的、回火后的组织及应用见表1-3-4。

表1-3-4　碳钢常用回火方式

回火方式	低温回火	中温回火	高温回火
回火温度	150~250℃	350~500℃	500~650℃
回火组织	$M_{回}$	$T_{回}$	$S_{回}$
回火目的	在保留高硬度、高耐磨性的同时，降低内应力	提高弹性及屈服点，同时使工件具有一定韧性	获得良好的综合力学性能，即在保持较高强度的同时，具有良好的塑形和较高的韧性
应用	适用于各种高碳钢、渗碳件及表面淬火件	适用于弹簧和热锻模热处理	广泛用于各种结构件，如轴、齿轮等的热处理。也可用于要求较高精密件、量具等的预备热处理

三、实验

1. 实验设备和仪器

箱式电炉、洛氏硬度试验机、布氏硬度试验机、20倍读数显微放大镜、淬火水槽。

2. 实验工具及材料

45钢试样若干、细铁丝网、细铁丝、冷却剂——水（20~30℃）、夹钳、砂纸。

3. 实验内容

（1）45钢的正火、淬火和回火。

①每四人一组，每组取三块45钢试样，一块用作正货试样，另外两块用作淬火试样。

②用细铁丝网及铁丝将需淬火的试样绑扎好，另外用于正火实验的试样不需要绑扎。

③将所有试样放入箱式电炉中加热至860℃，保温15~20min。

④两人一组，分别进行水冷（两块）、空冷（一块）操作。

⑤将水冷试样取出一块放入400℃的中温炉中回火，保温时间20~25min。

（2）45钢热处理后的硬度测定。

①45钢正火（空冷）后的硬度测定。将正火后的试样用砂纸磨去氧化皮，然后测量布氏硬度（测一点）。注意根据试样的厚度和状态，依据第一节实验一中的表1-1选择合适的布氏硬度实验规范。

②45钢淬火、回火后的硬度测定。将淬火、淬火+回火后的试样用砂纸磨去氧化皮，然后测量洛氏硬度（各测三点），将测试结果填写在表1–3–5中。

表1–3–5　45钢淬火、回火后的硬度测试结果

热处理工艺			硬度值/HRC				换算硬度（HBS）
加热温度/℃	冷却方法	回火温度/℃	1	2	3	平均	
860	水冷						
	水冷	400					

4．实验注意事项

（1）本实验加热采用电炉，由于炉内电阻丝距离炉膛较近，容易漏电，所以电炉一定要接地，再放取试样时必须先关断电源。

（2）往炉中放、取试样时必须使用夹钳，夹钳必须擦干，不得沾有油和水。开关炉门要迅速，炉门打开时间不宜过长。

（3）试样由炉中取出淬火时，动作要迅速，以免温度下降，影响淬火质量。

（4）试样在淬火液中应不断搅动，否则试样表面会由于冷却不均而出现软点。

（5）淬火时水温应保持在20~30℃，若水温过高要及时换水。

（6）淬火或回火后的试样均要用砂纸打磨表面，去掉氧化皮后再测定硬度值。

第二部分　实验报告

报告一
金属材料的硬度实验报告

审阅：＿＿＿＿＿＿＿＿＿＿＿＿

姓名：＿＿＿＿＿＿＿＿＿＿＿＿

班级：＿＿＿＿＿＿＿＿＿＿＿＿

日期：＿＿＿＿＿＿＿＿＿＿＿＿

一、实验目的

二、简述布氏硬度和洛氏硬度实验原理

三、实验结果记录

（1）取45钢（或Q235钢）试样一个，用布氏硬度试验机打出压痕，并用20倍读数显微放大镜从相互垂直的两个方向上测量压痕直径，取其平均值，查布氏硬度试验机使用说明书得出布氏硬度值，将数据填入表2-1-1中。

表2-1-1　布氏硬度实验结果

实验材料（钢号、尺寸、状态）	实验规范					实验结果			
	压头		FID^2	载荷F/kgf	载荷保持时间/s	压痕直径d/mm			硬度
	类型	直径/mm				d_1	d_2	d（平均）	

（2）取淬火45钢试样一个，用砂纸将工件打磨至平整光洁，用洛氏硬度试验机测量硬度值，将数据填入表2-1-2。

表2-1-2　洛氏硬度实验结果

实验材料（钢号、状态）	洛氏硬度标尺	实验规范		硬度值			
		压头	总载荷/kgf	第1次	第2次	第3次	平均

报告二
金相显微镜的使用和金相组织的观察
实验报告

审阅：＿＿＿＿＿＿＿＿＿＿＿＿

姓名：＿＿＿＿＿＿＿＿＿＿＿＿

班级：＿＿＿＿＿＿＿＿＿＿＿＿

日期：＿＿＿＿＿＿＿＿＿＿＿＿

一、实验目的

二、画出所观察的组织示意图，并标明材料名称，含碳量，处理状态，放大倍数和侵蚀剂等，并将组织组成物用细线引出表明（见图2-2-1）

（1）亚共析钢：在20钢，45钢，65钢中任选一个。

（2）过共析钢：在T12退火钢，球化退火钢中任选一个。

（3）白口铸铁：在亚共晶白口铸铁，过共晶白口铸铁中任选一个。

（4）淬火马氏体：在低碳马氏体和高碳马氏体中任选一个。

材料名称：

含碳量：

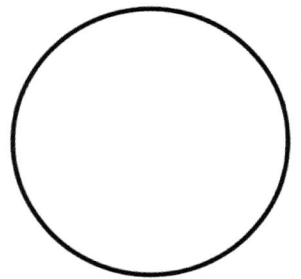

处理状态：

放大倍数：

侵蚀剂：

图2-2-1　组织示意图

三、实验结果

报告三
碳钢的热处理实验报告

审阅：_____

姓名：_____

班级：_____

日期：_____

一、实验目的

二、简述本实验的操作过程

三、实验结果记录

请将实验结果记录在表2-3-1、表2-3-2。

表2-3-1　45钢正火后的硬度测试结果

热处理工艺		布氏硬度实验规范					压痕直径/mm			硬 度 / HBS
加热温度/ ℃	冷却方法	压头		FID^2	载荷 F/kgf	保荷时间/s	d_1	d_2	D （平均）	
		类型	直 径 / mm							
860	空冷									

表2-3-2　45钢淬火、回火后的硬度测试结果

热处理工艺			硬度/HRC				换算硬度/HDS
加热温度/℃	冷却方法	回火温度/℃	1	2	3	平均值	
860	水冷						
	水冷	400					

四、实验结果分析

分析45钢分别经正火、淬火、淬火+400℃回火后的组织与性能的差别。

第三部分　习题集

习题一
金属的晶体结构和结晶

学号：_____

班级：_____

姓名：_____

评分：_____

一、选择题

1．体心立方晶格金属与面心立方晶格金属在塑性上的差别，主要是由于两者的（　　　）

A．滑移系数不同　　　　　　　　　B．滑移方向数不同

C．滑移面数不同　　　　　　　　　D．滑移面和滑移方向的指数不同

2．随冷塑性变形量增加，金属的（　　　）

A．强度下降，塑性提高　　　　　　B．强度和塑性都下降

C．强度和塑性都提高　　　　　　　D．强度提高，塑性下降

3．以下属于体心立方结构的金属是（　　　）

A．Cu　　　　　　　　　　　　　　B．Na

C．Mg　　　　　　　　　　　　　　D．Zn

二、填空题

（1）（　　　）是纯金属结晶的必要条件，金属的结晶都要经历（　　　）和（　　　）两个过程，这两个过程是交错重叠的。

（2）在实际生产中，金属实际结晶温度低于理论结晶温度的现象称为（　　　）

（3）金属晶体的特点（　　　）、（　　　）、（　　　）。

（4）绝大多数金属具有（　　　）、（　　　）、（　　　）等典型的紧密结构，其中α-Fe的晶格结构是（　　　）。

（5）实际金属晶体的缺陷形式有（　　　）、（　　　）、（　　　）。

（6）常见的点缺陷形式有（　　　）、（　　　）、（　　　）和（　　　）。

（7）位错是一种重要的（　　　），晶界是一种（　　　）。

（8）晶界处原子排列不规则，因此对金属的塑性变形起着（　　　）作用。

（9）金属铸锭由外向内依次分布着（　　　）、（　　　）和（　　　）。

（10）内部原子按一定规律排列的物质叫（　　　）。

三、名词解释

1．单晶体的各向异性

2．负温度梯度

3．过冷度

4．金属键

5．结晶

6．晶胞

7．单晶体

8．变质处理

9．晶界

10．晶格常数

11．致密度

12．配位数

13．树枝状晶体

四、简答题

（1）为何单晶体具有各向异性，而多晶体在一般情况下不显示出各向异性？

（2）金属的常见晶格有哪三种？说出名称并画图表示。

（3）金属结晶的基本规律是什么？晶核的形成率和成长率受到哪些因素的影响？

（4）在铸造生产中，采用哪些措施控制晶粒大小？在生产中如何应用变质处理？

习题二
金属的塑性变形和再结晶

学号：＿＿＿＿＿＿＿＿＿＿＿＿＿

班级：＿＿＿＿＿＿＿＿＿＿＿＿＿

姓名：＿＿＿＿＿＿＿＿＿＿＿＿＿

评分：＿＿＿＿＿＿＿＿＿＿＿＿＿

一、选择题

1. 随冷塑性变形量增加，金属的（　　　）

A. 强度下降，塑性提高　　　　　　B. 强度和塑性都下降

C. 强度和塑性都提高　　　　　　　D. 强度提高，塑性下降

2. 冷热加工的区别在于加工后是否留下（　　　）

A. 加工硬化　　　　　　　　　　　B. 晶格改变性

C. 纤维组织　　　　　　　　　　　D. 亚显微组织

二、填空题

（1）单晶体塑性变形的基本方式是（　　　）和（　　　）。

（2）变形金属在加热时，随着加热温度的升高，将依次产生（　　　）、（　　　）和（　　　）三个阶段。

三、名词解释

1. 回复

2. 再结晶

3. 二次再结晶

4. 冷加工

5. 热加工

6. 滑移

7．加工硬化

8．孪生

四、简答题

（1）划分冷加工和热加工的主要条件是什么？

（2）与冷加工比较，热加工给金属件带来的益处有哪些？

（3）产生加工硬化的原因是什么？加工硬化在金属加工中有什么利弊？

（4）分析加工硬化对金属材料的强化作用。

（5）金属单晶体的塑性变形有哪几种主要方式？可获取哪些力学性能指标？

（6）金属的塑性变形可造成哪几种残余内应力？它们对机械零件有哪些利弊？

（7）简述多晶体塑性变形的要点及力学性质。

（8）什么是回复？回复对变形金属有什么作用？在工业生产中有什么用处？

五、综合题

（1）根据拉伸曲线图说明四个阶段。

（2）用手来回弯折一根铁丝时，开始感觉省劲，后来逐渐感到有些费劲，最后铁丝被弯断。试解释过程演变的原因。

习题三
二元合金和相图

学号：_____

班级：_____

姓名：_____

评分：_____

一、选择题

1. 具有均匀晶型相图的单相固溶体合金（　　　）

A. 铸造性能好　　　　　　　　　　B. 锻造性能好

C. 热处理性能好　　　　　　　　　D. 切削性能好

2. 当二元合金进行共晶反应时，其相组成是（　　　）

A. 由单相组成　　　　　　　　　　B. 两相共存

C. 三相共存　　　　　　　　　　　D. 四相组成

3. 当固溶体浓度较高时，随着合金温度的下降，会从固溶体中析出次生相，为使合金的强度、硬度有所提高，希望次生相呈（　　　）

A. 网状析出　　　　　　　　　　　B. 针状析出

C. 快状析出　　　　　　　　　　　D. 弥散析出

4. 要得到细小的层片状共晶组织，必须（　　　）

A. 增大过冷度　　　　　　　　　　B. 降低凝固速度

C. 增大两相间的界面能　　　　　　D. 减小过冷度

5. 合金中的相结构有（　　　）

A. 固溶体、化合物　　　　　　　　B. 固溶体、机械混合物

C. 化合物、机械混合物　　　　　　D. 固溶体、化合物、机械混合物

6. 组成合金的元素，在固态下互相溶解形成均匀单一的固相称为（　　　）

A. 晶体　　　　　　　　　　　　　B. 固溶体

C. 化合物　　　　　　　　　　　　D. 共晶体

7. 合金在固体状态的相结构大致可分为（　　　）

A. 固溶体和化合物　　　　　　　　B. 固溶体和液溶体

C. 化合物和合金　　　　　　　　　D. 化合物和晶体

8. 合金固溶强化的基本原因是（　　　）

A. 晶格类型发生了改变　　　　　　B. 晶粒细变

C. 晶格发生畸变　　　　　　　　　D. 同素异构

二、填空题

（1）从液体中同时给结晶出两种晶体的转变称为（　　　），它所处的温度称为（　　　）温度，其成分为共晶成分，而 E 点称为共晶点。

（2）在金属和合金中，凡是（　　　）相同、（　　　）相同，并与其他部位有界

面分开的均匀组成部分称为相。

（3）在固态下组成元素之间能相互（   ）二形成均匀的合金称为固溶体，固溶体中元素多的称为（   ），元素少的称为（   ）。

（4）按照合金组成元素原子的存在方式，可将合金分为（   ）和（   ）两大类。

（5）影响固溶体溶解度的因素有（   ）、（   ）、（   ）。

（6）合金中，固溶体自身不形成新晶格，它是（   ）原子溶入（   ）晶格中形成的单一、均匀的固体。

（7）金属的结晶过程是（   ）和（   ）的转变过程。最常用的细化晶粒的方法是提高冷却过程的（   ）和进行（   ）等。

（8）合金中，固溶体自身不形成新晶格，它是（   ）原子溶入（   ）晶格中形成的单一、均匀的固体。

三、名词解释

1．匀晶转变

2．合金

3．固溶体

4．金属间化合物

5．细晶强化

6．共晶转变

7．固溶强化

8．包晶转变

9．相

10．枝晶偏析

四、简答题

（1）分别说明固溶体和金属化合物都有哪些特点？

（2）固溶体和纯金属的结晶有何异同点？

（3）简述合金相图和合金的力学性能与铸造性能的关系，并说明其原因。

（4）简述共晶转变和共析转变的异同点。

（5）纯金属结晶与合金结晶有什么异同？

（6）固溶体合金和共晶合金其力学性能和工艺性能各有什么特点？

（7）金属结晶的动力学条件和热力学条件是什么？

（8）什么是杠杆定律？有什么用途？

（9）为什么共晶线下所对应的各种非共晶成分的合金也能在共晶温度发生发生部分共晶转变呢？

（10）指出下列名词的主要区别：置换固溶体与间隙固溶体；相组成物与组织组成物。

（11）固态合金中固溶体相有哪两种？化合物相有哪三种？它们的力学性能有何特点？

（12）固溶体的溶解度取决于哪些因素？

五、综合题

若Pb-Sn合金相图中C、F、E、G、D点的合金成分分别是w_{Sn}等于2%、19%、61%、97%和99%。问在下列温度（t）时，$w_{Sn}=30\%$的合金显微组织中有哪些相组成物和组织组成物？它们的相对质量百分数是否可用杠杆定律计算？如果可以计算，其值是多少？

习题四
铁碳合金

学号：_____

班级：_____

姓名：_____

评分：_____

一、选择题

1. 室温下含0.3%的钢平衡条件下，组织组成物为（   ）

A. F+P   B. F+Fe$_3$C

C. Fe$_3$C$_{II}$+P   D. Fe

2. 铁碳合金中的Fe$_3$C$_{II}$是从（   ）中析出来的

A. 液相   B. 奥氏体

C. 铁素体   D. 珠光体

3. 铁碳合金相图中的共析线是（   ）

A. *ECF*线   B. *ACD*线

C. *PSK*线   D. *HJB*线

4. 对铁碳合金中属于固溶体的是（   ）

A. 奥氏体和渗碳体   B. 铁素体和珠光体

C. 铁素体和奥氏体   D. 珠光体和渗碳体

5. 莱氏体中的平均含碳量为（   ）

A. 0.77%   B. 2.11%   C. 4.3%   D. 6.69%

二、填空题

（1）铁碳合金以（   ）为主，加入少量（   ）而形成的合金。

（2）在碳钢的生产冶炼过程中，由于炼钢原材料的带入和工艺的需要，而有意加入一些物质，使钢中有些常存在元素。它们主要是（   ）、（   ）、（   ）和（   ），其中有益元素是（   ）、（   ）。

（3）共析钢加热到均匀的奥氏体化状态后缓慢冷却，稍低于A_1温度将形成（   ），为（   ）与（   ）的机械混合物，其典型形态为（   ）或（   ）。

（4）铁碳合金在室温下的基本相有（   ）和（   ）。

（5）莱氏体是（   ）和（   ）组成的机械混合物。

（6）碳素钢在常温下含碳量越少，塑性越好，钢中含硫较多时，容易引起（   ），钢中含磷较多时，容易引起（   ）。

三、名词解释

1．奥氏体

2．珠光体

3．一次渗碳体

4．同素异构体

5．二次渗碳体

6．莱氏体

7．铁素体

8．三次渗碳体

9．渗碳体

四、综合题

（1）什么是金属的同素异构转变？试画出纯铁的结晶冷却曲线和晶体结构变化图。

（2）钢中常存的杂质有哪些？它们对钢的性能有哪些有益和有害的影响？

（3）分析含碳量分别为 0.20% 、 0.60% 、 0.80% 、 1.0% 的铁碳合金从液态缓冷至室温时的结晶过程和室温组织。

（4）简述Fe-Fe₃C相图中三个基本反应：包晶反应，共晶反应及共析反应，写出反应式，标出含碳量及温度。

（5）画出Fe-Fe₃C相图，标出各点、线的符号，成分，温度，各区的相和组织组成物。

（6）根据 Fe-Fe₃C 相图，计算：

①室温下，含碳 0.6% 的钢中珠光体和铁素体各占多少？

②室温下，含碳 1.2% 的钢中珠光体和二次渗碳体各占多少？

③铁碳合金中，二次渗碳体和三次渗碳体的最大百分含量。

（7）某工厂仓库积压了许多碳钢（退火状态），由于钢材混杂，不知道钢的化学成分。现找出其中一根，经金相分析后，发现其组织为珠光体+铁素体，其中铁素体占80%，问此钢材的含碳量大约是多少？

（8）低碳钢、中碳钢及高碳钢是如何根据含碳量划分的？分别举例说明它们的用途。

（9）根据Fe-Fe₃C相图，说明产生下列现象的原因：

① 含碳量为1.0%的钢比含碳量为0.5%的钢硬度高。

② 在室温下，含碳0.8%的钢其强度比含碳1.2%的钢高。

③ 在1100℃，含碳0.4%的钢能进行锻造，含碳4.0%的生铁不能锻造。

习题五
钢的热处理

学号：_____

班级：_____

姓名：_____

评分：_____

一、选择题

1．正火是将工件加热到一定温度，保温一段时间，然后采用的冷却方式是
（　　　）

A．随炉冷却　　　　　　　　　B．在油中冷却

C．在空气中冷却　　　　　　　D．在水中冷却

2．共析钢在奥氏体的连续冷却转变产物中，不可能出现的产物是（　　　）

A．P　　　　　　　　　　　　B．S

C．B　　　　　　　　　　　　D．M

3．改善T8钢的切削加工性能可采用（　　　）

A．扩散退火　　　　　　　　　B．去应力退火

C．再结晶退火　　　　　　　　D．球化退火

4．共析钢的过冷奥氏体在550℃至350℃的温度区间等温转变时，所形成的组织
物是（　　　）

A．索氏体　　　　　　　　　　B．下贝氏体

C．上贝氏体　　　　　　　　　D．珠光体

5．对于亚共折钢，适宜的淬火加热温度一般为（　　　），淬火后的组织为均匀
的马氏体

A．A_{c1}+30~50℃　　　　　　　B．A_{cm}+30~50℃

C．A_{c3}+30~50℃　　　　　　　D．A_0+30~50℃

二、填空题

（1）用光学显微镜观察，马氏体的组织形态主要有（　　　）、（　　　）两种，
其中（　　　）的韧性较好。

（2）共析钢中奥氏体的形成过程是（　　　）、（　　　）、（　　　）、
（　　　）。

（3）球化退火的主要目的是（　　　）。

（4）影响工件实际淬硬层深度的因素（　　　）、（　　　）、（　　　）。

（5）45钢正火后渗碳体呈（　　　）状，调质处理后渗碳体呈（　　　）状。

（6）共析钢过冷奥氏体等温转变曲线三个转变区的转变产物是（　　　）、（　　　）
和（　　　）。

（7）共析钢淬火形成M+A′后，在低温、中温、高温回火后的产物分别为（　　　），（　　　），（　　　）。

三、名词解释

1. 淬透性

2. 淬硬性

3. 孕育处理

4. 本质晶粒度

5. 回火脆性

6. 回火稳定性

7. 调质处理

8. 等温退火

9. 过冷奥氏体

10. 高温回火脆性

四、简答题

（1）影响奥氏体晶粒大小的因素有哪些？

（2）正火与退火的主要区别是什么？生产中应如何选择正火与退火？

（3）淬火的目的是什么？亚共析碳钢及过共析碳钢淬火加热温度应如何选择？

（4）回火的目的是什么？常用的回火操作有哪几种？

（5）试比较马氏体和下贝氏体的结构和组织有什么不同？

（6）共析钢时向奥氏体转变分为哪几个阶段？

（7）何谓球化退火？为什么过共析钢必须采用球化退火而不采用完全退火？

（8）共析钢的等温转变曲线与连续转变曲线有什么差别？

（9）珠光体类型组织有哪几种？它们在形成条件、组织形态和性能方面有何特点？

五、综合题

（1）说明下列零件的淬火及回火温度，并说明回火后获得的组织和硬度：

①45钢小轴（要求有较好的综合力学性能）。

②60钢弹簧。

③T12钢锉刀。

（2）用20钢制造的ϕ20mm的小轴，经930℃，5小时渗碳后，表面碳的质量分数增加至1.2%。分析经下列热处理后表面及心部的组织：

①渗碳后缓冷到室温。

②渗碳后直接淬火，然后低温回火。

③渗碳后预冷到820℃，保温后淬火，低温回火。

④渗碳后缓冷到室温，再加热到880℃后淬火，低温回火。

⑤渗碳后缓冷到室温，再加热到780℃后淬火，低温回火。

习题六
合金钢

学号：＿＿＿＿＿＿＿＿＿＿＿＿

班级：＿＿＿＿＿＿＿＿＿＿＿＿

姓名：＿＿＿＿＿＿＿＿＿＿＿＿

评分：＿＿＿＿＿＿＿＿＿＿＿＿

一、选择题

1. 电炉炉丝与电源线的接线座应用（　　　）材料最合适

A. 绝缘胶木 　　　　　　　　　　　　B. 有机玻璃

C. 20 钢 　　　　　　　　　　　　　　D. 高温陶瓷

2. 桥梁构件选用（　　　　）

A. 40 　　　　　　　　　　　　　　　 B. 4Crl3

C. 16Mn 　　　　　　　　　　　　　　D. 65Mn

3. 合金元素对奥氏体晶粒长大的影响是（　　　　）

A. 均强烈阻止奥氏体晶粒长大 　　　　B. 均强烈促进奥氏体晶粒长大

C. 无影响 　　　　　　　　　　　　　D. 上述说法都不全面

4. 二次硬化属于（　　　　）

A. 固溶强化 　　　　　　　　　　　　B. 细晶强化

C. 位错强化 　　　　　　　　　　　　D. 第二相强化

5. 汽车、拖拉机的齿轮要求表面高耐磨性，中心有良好的强韧性，应选用（　　　）

A. 20 钢渗碳淬火后低温回火 　　　　　B. 40Cr 淬火后高温回火

C. 20CrMnTi 渗碳淬火后低温回火 　　　D. 20CrMnTi 高温后回火

二、填空题

（1）高速钢需要进行反复锻造的目的是（　　　　），W18Cr4V 钢采用高温淬火（1260～1280℃）的目的是（　　　　），淬火后在 550～570℃回火后出现硬度升高的原因是（　　　　），经三次回火后的显微组织是（　　　　）。

（3）调质钢碳含量范围是（　　　　），加入 Cr、Mn 等元素是为了提高（　　　　），加入 W、Mo 是为了（　　　　）。

（4）除（　　　　）元素外，其他所有的合金元素都使 C 曲线向（　　　　）移动，使钢的临界冷却速度（　　　　）、淬透性（　　　　）。

（5）20CrMnTi 是（　　　　）钢，Cr、Mn 的主要作用是（　　　　），Ti 的主要作用是（　　　　），热处理工艺是（　　　　）。

（6）40Cr 钢属（　　　　）钢，其碳含量为（　　　　），铬含量为（　　　　），可制造（　　　　）零件。

（7）W18Cr4V 钢的淬火加热温度为（　　　　），回火加热温度为（　　　　），回火次数（　　　　）。

（8）扩大奥氏体区域的合金元素有（　　　　）等，扩大铁素体区域的合金元素有（　　　　）等。

（9）几乎所有的合金元素除（　　　　）、（　　　　）以外，都使M_s和M_f点（　　　　）。因此，淬火后相同碳含量的合金钢比碳钢的（　　　　）增多，使钢的硬度（　　　　）。

（10）QT500-05牌号中，QT表示（　　　　），数字500表示（　　　　），数字05表示（　　　　）。

三、名词解释

1. 回火稳定性

2. 热硬性

3. 合金元素

4. 回火脆性

5. 二次淬火

四、简答题

（1）高速钢经铸造后为什么要反复锻造？锻造后切削前为什么要进行退火？淬火后为什么需进行三次回火？

（2）合金元素Mn、Cr、W、Mo、V、Ti、Zr、Ni对钢的C曲线和M_s点有何影响？将引起钢在热处理、组织和性能方面的什么变化？

（3）合金钢和碳素钢相比，具有哪些特点？

（4）合金元素对钢中基本相有哪些主要影响？

（5）为什么钢中加入合金元素？加入后改变了什么，使钢能满足工业生产的要求？

（6）为什么合金钢的淬透性比碳素钢高？试比较20CrMnTi与T10钢的淬透性和淬硬性。

五、综合题

（1）有一根ϕ30mm的轴，受中等的交变载荷作用，要求零件表面耐磨，心部具有较高的强度和韧性，供选择的材料有16Mn、20Cr、45钢、T8钢和Crl2钢。要求：

①选择合适的材料。

②编制简明的热处理工艺路线。

③指出最终组织。

（2）指出钢号为20、45、65Mn、Q235-AF、T12、T10A、ZG270-500的碳素钢各属哪类钢？钢号中的数字和符号的含义是什么？各适于做什么用（各举一例）？

（3）说明下列钢号属于何种钢？数字的含意是什么？主要用途？

T8、16Mn、20CrMnTi、ZGMn13-2、40Cr、GCr15、60Si2Mn、W18Cr4V、1Cr18Ni9Ti、1Cr13、Cr12MoV、12CrMoV、5CrMnMo、38CrMoAl、9CrSi、Cr12、CrWMn、W6M05Cr4V2。

习题七
铸铁

学号：＿＿＿＿＿＿＿＿＿＿

班级：＿＿＿＿＿＿＿＿＿＿

姓名：＿＿＿＿＿＿＿＿＿＿

评分：＿＿＿＿＿＿＿＿＿＿

一、选择题

1. 铸铁中的碳以石墨形态析出的过程称为（　　　）

A．石墨化　　　　　　　　　　　　　B．变质处理

C．球化处理　　　　　　　　　　　　D．孕育处理

2. 灰口铸铁具有良好的铸造性、耐磨性、切削加工性及消振性，这主要是由于组织中的（　　　）的作用

A．铁素体　　　　　　　　　　　　　B．珠光体

C．石墨　　　　　　　　　　　　　　D．渗碳体

3. （　　　）的石墨形态是片状

A．球磨铸铁　　　　　　　　　　　　B．灰口铸铁

C．可锻铸铁　　　　　　　　　　　　D．白口铸铁

4. 孕育铸铁是灰口铸铁经孕育处理后，使（　　　），从而提高灰口铸铁的机械性能

A．基体组织改变　　　　　　　　　　B．石墨片细小

C．晶粒细化　　　　　　　　　　　　D．石墨粗大

5. 灰口铸铁的消振能力是钢的（　　　）

A．2倍　　　　　　　　　　　　　　B．5倍

C．10倍　　　　　　　　　　　　　D．15倍

6. 铸铁的（　　　）性能优于碳钢

A．铸造性　　　　　　　　　　　　　B．锻造性

C．焊接性　　　　　　　　　　　　　D．淬透性

7. 下列牌号中（　　　）是孕育铸铁

A．HT200　　　　　　　　　　　　B．HT300

C．KTH300–06　　　　　　　　　　D．QT400–17

8. 可锻铸铁是在钢的基本体上分布着（　　　）石墨

A．粗片状　　　　　　　　　　　　　B．细片状

C．团絮状　　　　　　　　　　　　　D．球粒状

9. 可锻铸铁是（　　　）均比灰口铸铁高的铸铁

A．强度、硬度　　　　　　　　　　　B．刚度、塑性

C．塑性、韧性　　　　　　　　　　　D．强度、韧性

10. 白心可锻铸铁牌号表示为（　　　）

A．KTH   B．KTB

C．KTZ   D．KTW

11．铸铁石墨化的几个阶段完全进行，其显微组织为（　　　）

A．F+G   B．F+P+G

C．P+G   D．A+F

二、填空题

（1）铸铁是含碳量（　　　）的铁碳合金。

（2）铸铁的含碳量在（　　　）之间。当这些碳以渗碳体的形式存在时，该铸铁称为（　　　），以片状石墨的形式存在的，称为（　　　）。

（3）根据碳的存在形式，铸铁可分为（　　　）铸铁、（　　　）铸铁和（　　　）铸铁。

（4）根据铸铁中石墨的形态，铸铁可分为（　　　）铸铁、（　　　）铸铁、（　　　）铸铁和（　　　）铸铁。

（5）铸铁的石墨化过程分为三个阶段，分别为（　　　）、（　　　）和（　　　）。

（6）球墨铸铁采用（　　　）作球化剂。

三、简答题

（1）白口铸铁、灰口铸铁和钢，这三者的成分、组织和性能主要有何区别？

（2）化学成分和冷却速度对铸铁石墨化和基体组织有何影响？

（3）为什么球墨铸铁可以代替钢制造某些零件？

（4）识别下列铸铁牌号：HTl50、HT300、KTH300–06、KTZ450–06、KTB380–12、QT400–18、QT600–03、RuT260。

参考文献

［1］王忠.机械工程材料［M］.北京:清华大学出版社，2009.

［2］彭成红机械工程材料综合实验［M］.广州:华南理工大学出版社，2014.

［3］刘国权.材料科学与工程基础[M].北京:高等教育出版社，2014.

［4］吴晶，纪嘉明，丁红燕.金属材料实验指导［M］.南京:江苏大学出版社，2009.

［5］吴晶，戈晓岚，纪嘉明.机械工程材料实验指导书［M］.北京:化学工业出版社，2007.

［6］刘燕萍，工程材料［M］.北京:国防工业出版社，2009.

［7］杨明波.金属材料实验基础［M］.北京:化学工业出版社，2008.

［8］郝清月.金属材料缺陷金相检测实例及缺陷金相图谱［M］.北京:中国知识出版社，2006.

［9］初福民，机械工程材料实验与习题［M］.北京:机械工业出版社，2008.

［10］尚峰，唐学飞，乔斌.机械工程材料习题集［M］.北京:机械工业出版社，2015.